PETITE
ARITHMÉTIQUE

SIMPLE ET FACILE

Par XAVIER

Membre de l'enseignement public et de plusieurs Sociétés savantes

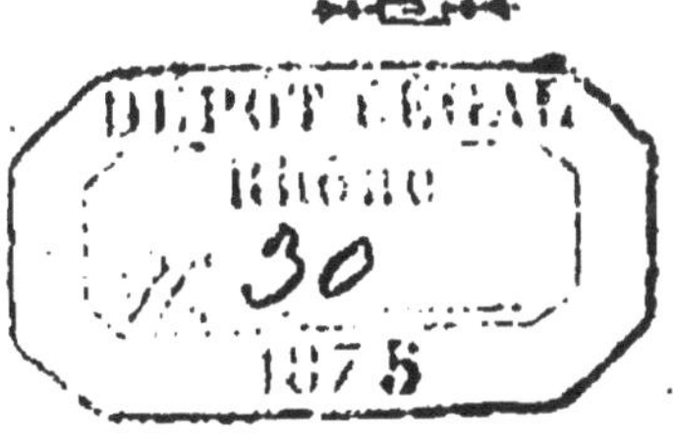

DEUXIÈME ÉDITION

Multa paucis.

PRIX : 20 CENT.

A LYON

CH. PALUD, LIBRAIRE DE L'ACADÉMIE ET DES ÉCOLES

4, Rue de la Bourse, 4.

1875

Arithmétique simple et facile.

1. L'Arithmétique apprend à connaître les nombres et à opérer sur eux.

2. Un nombre est l'expression d'une ou plusieurs unités ou parties de l'unité.

3. L'unité est un seul des objets que l'on compte.

4. Un nombre entier est celui qui renferme juste une ou plusieurs unités.

5. Une fraction ne renferme qu'une ou plusieurs parties de l'unité.

6. La partie de l'arithmétique qui apprend à former les nombres et à les écrire, se nomme numération.

7. **Résumé de la numération parlée.** — Pour former les nombres, on a ajouté l'unité à elle-même successivement. Il a été convenu que *un* plus *un* formeraient le nombre *deux* ; que *deux* plus *un* feraient *trois* ; *trois* plus *un*, *quatre* ; *quatre* plus *un*, *cinq* ; et ainsi jusqu'à *neuf*. Ces neuf premiers nombres sont appelées *unités simples* ou de 1er ordre.

En ajoutant *un* à *neuf*, on a eu *dix* ou une *dizaine* (unité de 2e ordre), et l'on a compté par *dizaines* comme par *unités*, depuis une dizaine jusqu'à neuf. Mais l'usage a remplacé les mots *une dizaine, deux dizaines, trois dizaines*, etc., par les mots *dix, vingt, trente*, etc.

Après chaque dizaine, on a placé les neuf premiers nombres, ce qui a conduit jusqu'à *quatre-vingt-dix-neuf*.

(L'usage fait dire *onze, douze, treize, quatorze, quinze, seize*, au lieu de *dix-un, dix-deux, dix-trois....*)

En ajoutant *un* à *quatre-vingt-dix-neuf*, on a obtenu *cent* ou une *centaine* (unité de 3e ordre), et l'on a compté par *centaines*, comme par unités : *un cent, deux cents, trois cents*, etc. Après chaque centaine, on a placé les *quatre-vingt-dix-neuf* premiers nombres, ce qui a conduit à *neuf cent quatre-vingt-dix-neuf*.

En ajoutant *un* à ce dernier nombre on a obtenu *mille* (unité de 2e classe). On a ainsi formé les dizaines de *mille*, les centaines de *mille*, etc.

On voit par là qu'il faut *dix* unités pour faire une dizaine, *dix* dizaines pour une centaine, *dix* centaines pour un mille... enfin **dix** unités d'un ordre quelconque pour en faire une seule de l'ordre immédiatement supérieur.

8. REMARQUONS que les nombres se composent de *tranches* qui sont (en allant de droite à gauche) : *Unité, mille, million, billion, trillion*, etc., et que chaque tranche renferme les trois ordres : *unités, dizaines, centaines*.

9. Résumé de la numération écrite. — On est convenu que les dix caractères ou chiffres : 0, 1, 2, 3, 4, 5, 6, 7, 8, 9, représentant les neuf premiers nombres serviraient pour écrire tous les nombres, avec ce principe fondamental, *qu'un chiffre placé à la gauche d'un autre, représente des unités dix fois plus fortes que cet autre.* On a donc placé les dizaines à la seconde place de l'unité, les centaines à la 3ᵉ place, les mille à la 4ᵉ place et ainsi de suite.

10. Pour écrire un nombre entier, on *écrit la plus forte tranche suivie d'un point ; puis de même chacune des autres tranches, en remplaçant par zéro chaque ordre qui manque dans la tranche* (1).

11. Pour lire un nombre, *après l'avoir partagé en tranches, on lit chaque tranche comme si elle était seule en lui donnant le nom qui lui convient.*

12. On compte en arithmétique quatre opérations principales : *l'addition* (pour réunir plusieurs nombres en un seul), la *soustraction* (pour retrancher un nombre d'un autre), la *multiplication* (pour répéter un nombre autant de fois que l'indique un autre) et la *division* (pour chercher combien de fois un nombre en contient un autre).

ADDITION.

13. L'ADDITION est une opération par laquelle on réunit plusieurs nombres de même espèce en un seul.

Le résultat se nomme *somme* ou *total*.

14. RÈGLE. — *Pour faire l'addition de plusieurs nombres, on les écrit les uns sous les autres, de manière que les unités soient sous les unités, les dizaines sous les dizaines, les centaines sous les centaines et ainsi de suite.*

Après avoir souligné le tout, on commence par la droite. On fait la somme des unités simples ; si cette somme ne surpasse pas 9, on l'écrit au dessous ; si elle surpasse 9, on écrit que les unités et on retient les dizaines pour les ajouter à la colonne suivante des dizaines, et ainsi de suite jusqu'à la dernière colonne dont on écrit la somme sans rien retenir.

---

(1) Faire lire de droite à gauche et de gauche à droite, puis apprendre de mémoire les tranches et les ordres du tableau suivant (reproduit au tableau noir)...... III. III. III. III.

EXEMPLE

Louis possède 52848 fr. en terres, 5764 fr. en argent, 2940 fr. en bâtiments, 047 fr. en bétail : Quel est son avoir en tout.

Pour le savoir, il faut réunir en un seul les 4 nombres donnés et disposer ainsi l'opération :

$$
\begin{array}{r}
52848 \\
5764 \\
2940 \\
047 \\
\hline
\end{array}
$$

Total : 62199

15. Pour faire la preuve, si à la première fois on a compté l'opération de *haut en bas*, on la recommence en comptant de *bas en haut*. Le second total doit être égal au premier. (1).

SOUSTRACTION.

16. La SOUSTRACTION est une opération par laquelle on retranche un nombre d'un autre nombre de même espèce.

Le résultat se nomme : *reste, excès*, ou *différence*.

17. RÈGLE. — *Pour faire une soustraction, on place le plus petit nombre sous le plus grand, de manière que les unités de même ordre soient les unes sous les autres ; puis, commençant par la droite on retranche chaque chiffre inférieur de son correspondant supérieur ; on écrit la différence au-dessous et zéro s'il ne reste rien*

Quand un des chiffres supérieurs est plus petit que son correspondant inférieur, on l'augmente de 10 unités de son ordre et on retient un qu'on ajoute au chiffre suivant du nombre inférieur.

EXEMPLE

Joseph avait 365 bons points ; mais il en perdu 168 : Combien lui en restait-il ?

Il faut ôter par la soustraction les bons points perdus et disposer ainsi l'opération :

$$
\begin{array}{r}
365 \\
168 \\
\hline
\end{array}
$$

Reste : 197

18. Pour faire la preuve d'une soustraction, on ajoute la différence au plus petit nombre : on doit retrouver le plus grand.

---

(1) On donnera au tableau noir une grande quantité d'exemples.

MULTIPLICATION.

19. La MULTIPLICATION est une opération par laquelle on répète un nombre autant de fois que l'indique un autre.

Le nombre qu'on répète se nomme *multiplicande* : celui qui indique combien de fois on répète se nomme *multiplicateur*. Le résultat s'appelle *produit*.

20. Le multiplicande et le multiplicateur sont encore appelés les *facteurs* du produit.

21. La multiplication n'est qu'une addition abrégée de plusieurs nombres égaux. Ainsi au lieu de dire : 6 + 6 + 6 = 18, on dit simplement 3 fois 6 = 18.

22. Pour multiplier un nombre d'un seul chiffre par un autre nombre d'un seul chiffre, il suffit de savoir de mémoire la table de multiplication.

23. RÈGLE. — *Pour faire une multiplication, après avoir écrit le multiplicateur sous le multiplicande et souligné le tout, on multiplie successivement chaque chiffre du multiplicande par le premier chiffre du multiplicateur, en (ajoutant au produit suivant les retenues du produit précédent), puis de même par chacun des autres chiffres en reculant chaque produit partiel de un rang vers la gauche. Il n'y a plus qu'à les additionner pour avoir le produit total.*

24. REMARQUONS qu'il y a souvent des zéros parmi les chiffres significatifs du multiplicateur, et qu'alors on ne multiplie pas par ces zéros, mais que l'on doit écrire le premier chiffre du produit suivant sous le chiffre du multiplicateur qui l'a donné.

EXEMPLE

35 personnes ont mis chacune 456 fr., pour une bonne œuvre ; quel en est le montant ?

Puisqu'une personne donne 456 fr., les 35 mettront 35 fois plus = 456 × 35.

On dispose ainsi l'opération :

Multiplicande	456
Multiplicateur	35
	2280
	1368
PRODUIT	15960 fr.

25. *Principes relatifs à la multiplication.* — Pour multiplier un nombre entier par 10, par 100, par 1000, etc., il n'y a pas d'autre multiplication à faire que d'ajouter un, deux, trois, etc. zéros à la droite de ce nombre.

Réciproquement, on rend un nombre entier 10, 100, 1000 fois plus petit en supprimant un, deux, ou trois zéros sur sa droite.

26 Quand il y a des zéros sur la droite de l'un des facteurs, on les néglige pendant l'opération pour les ajouter au produit.

27. Un produit ne change pas quand on intervertit l'ordre des facteurs. En effet 3×4 ou $3 + 3 + 3 + 3 = 12$, comme 4×3 ou $4 + 4 + 4 = 12$.

28 Pour faire la preuve de la multiplication, on recommence l'opération en mettant le multiplicateur à la place du multiplicande, on doit trouver le même produit.

DIVISION.

29. La DIVISION est une opération par laquelle on cherche combien de fois un nombre en contient un autre.

Celui qui contient se nomme *dividende*, celui qui est contenu, *diviseur*; le nombre de fois, *quotient*.

30. **RÈGLE.** — *Le diviseur étant écrit à la droite du dividende et séparé par un trait vertical, on prend sur la gauche du dividende assez de chiffres pour contenir le diviseur, ce qui forme un premier dividende partiel que l'on divise par le diviseur, et qui donne le premier chiffre du quotient. On multiplie le diviseur par ce chiffre et on retranche le produit du dividende partiel employé. A la droite du reste, s'il y en a un, on descend le chiffre suivant, ce qui donne un 2e dividende partiel sur lequel on opère comme sur le premier. On continue ainsi jusqu'à ce qu'on ait descendu tous les chiffres du dividende.*

Lorsqu'un dividende partiel ne contient pas le diviseur, on écrit zéro au quotient, puis on abaisse le chiffre suivant.

EXEMPLE

30 personnes ont à se partager 18750 fr.; Quelle sera la part de de chacune?

Puisqu'il y a 30 personnes pour partager la somme, une seule en aura la 30e partie ou 18750 divisé par 30.

On dispose ainsi l'opération :

$$
\begin{array}{r|l}
18750 & 30 \\
\cline{2-2}
075 & 625 \\
80 & \\
00 &
\end{array}
$$

31. *Principes relatifs à la division.* — Pour rendre un quotient un certain nombre de fois plus grand, il suffit de multiplier le

dividende ou de diviser le diviseur. En effet, un dividende rendu 2, 3 fois plus grand doit évidemment contenir le diviseur 2, 3 fois plus ; de même que le diviseur, rendu 2, 4 fois plus petit doit être contenu 2, 3 fois plus dans le dividende.

La réciproque est également vraie.

Il résulte de là qu'en multipliant ou en divisant par un même nombre les deux termes de la division, le quotient ne change pas.

Pour faire la preuve de la division, on multiplie le diviseur par le quotient, et on y ajoute le reste de la division : on doit reproduire le dividende.

Fractions décimales.

32. On appelle fractions décimales, ou simplement décimales des parties qui sont de dix en dix fois plus petites que l'unité. — Elles sont aussi dix fois plus petites les unes que les autres.

Les parties dix fois plus petites que l'unité sont appelées dixièmes : les parties cent fois plus petites sont appelées centièmes : les parties mille fois plus petites que l'unité sont appelées millièmes. On a ensuite les dix-millièmes, les cent-millièmes, les millionièmes, etc.

33. Les fractions décimales s'écrivent à la droite des nombres entiers dont on les sépare par une virgule.

Pour représenter un nombre décimal, après avoir écrit les unités (ou zéro, s'il n'y en a pas) et mis une virgule, on compte sur ses doigts DIXIÈMES, CENTIÈMES, MILLIÈMES, DIX-MILLIÈMES, etc., *jusqu'à ce qu'on arrive au nom de la dernière décimale : on voit ainsi combien il y a de chiffres après la virgule ; par conséquent si le nombre dicté n'en a pas assez, on ajoute des zéros sur sa gauche.*

34. Pour *lire* un nombre décimal, on *lit la partie entière, puis la partie décimale comme si elle exprimait des entiers, en ajoutant à la fin de l'énoncé le nom de la dernière décimale.*

35. Si l'on ajoute, ou si l'on supprime des zéros sur la *droite* d'une fraction décimale, elle ne change pas de valeur, parce que les chiffres n'ont pas changé de rang par rapport à la virgule.

36. Pour multiplier un nombre décimal par 10, par 100, par 1000, il suffit de porter la virgule de un, de deux, ou trois rangs vers la droite.

37. Réciproquement, pour rendre un nombre décimal 10, 100, 1000 fois plus petit il suffit de porter la virgule de un, deux, ou trois rangs vers la gauche.

38. Addition, soustraction, multiplication et division. — On fait l'addition, la soustraction, la multiplication et la division des nombres décimaux comme dans les nombres entiers, en faisant attention :

1° *Dans* l'ADDITION *et la* SOUSTRACTION *de compléter les décimales par des zéros, et d'en séparer au résultat autant qu'il y en a dans l'un des nombres proposés.*

2° *Dans la* MULTIPLICATION, *d'en séparer autant qu'il y en a dans les deux facteurs ensemble.*

3° *Dans la* DIVISION, *de compléter par des zéros les nombres décimaux dans les deux termes, sans rien changer au quotient.*

Cependant quand le dividende a plus de décimales que le diviseur il vaut mieux ne pas ajouter de zéros au diviseur, mais séparer au quotient autant de décimales qu'il y en a de plus au dividende qu'au diviseur.

Système métrique.

39. On a remplacé les anciennes mesures à cause de leurs nombreux inconvénients, qui en rendaient l'usage incommode et les calculs difficiles. On leur a substitué des mesures fixes, seules employées par toute la France, conformes au système décimal et dérivant toutes les unes des autres. Ces mesures sont dites métriques, parce qu'elles dérivent du mètre.

40. *Le système métrique* comprend les mesures de *longueur, de superficie, de solidité, de capacité, les poids et les monnaies.*

41. MESURES DE LONGUEUR. — L'unité de longueur est le mètre : c'est la dix-millionième partie du quart du tour de la terre, et l'unité fondamentale des nouvelles mesures.

Les multiples du mètre sont :

Le décamètre ou 10 mètres ;

L'hectomètre ou 100 mètres ;

Le kilomètre ou 1,000 mètres ;

Le myriamètre ou 10,000 mètres.

Les sous-multiples du mètre sont :

Le décimètre ou la dixième partie du mètre ;

Le centimètre ou la centième partie du mètre ;

Le millimètre ou la millième partie du mètre.

42. MESURES DE SUPERFICIE. — Une surface est une étendue en longueur et en largeur, sans épaisseur. L'unité de surface est le mètre carré.

Les multiples du mètre carré sont :

Le décamètre carré ou cent mètres carrés ;

L'hectomètre carré ou dix mille mètres carrés ;

Le kilomètre carré ou un million de mètres carrés ;

Le myriamètre carré ou 100 millions de mètres carrés.

(Ces deux derniers multiples ne sont employés qu'en topographie.)

Les sous-multiples du mètre carré sont :

Le décimètre carré ou la centième partie du mètre carré ;

Le centimètre carré ou la dix-millième partie du mètre carré ;

Le millimètre carré ou la millionième partie du mètre carré (1).

43. Lorsqu'on mesure la superficie des champs, des prés, des vignes, etc., on prend pour unité l'are : c'est un décamètre carré ou une surface de 100 mètres carrés.

Il n'y a qu'un multiple en usage, c'est l'hectare qui vaut 100 ares.

Il n'y a qu'un sous-multiple, c'est le centiare ou la centième partie de l'are, c'est-à-dire le mètre carré.

Remarque. — Il ne faut pas confondre le décimètre carré, le centimètre carré et le millimètre carré avec le dixième, le centième et le millième d'un mètre carré : un décimètre carré est la centième partie de la surface d'un mètre carré, tandis que le dixième d'un mètre carré en est la dixième partie.

44. MESURES DE SOLIDITÉ. — Un corps ou solide est tout ce qui a longueur, largeur et épaisseur. L'unité de solidité ou de volume est le mètre cube.

C'est un corps de la forme d'un dé à jouer, ayant un mètre de chaque côté.

Les multiples du mètre cube ne sont pas en usage.

Les sous-multiples sont :

Le décimètre cube ou la millième partie du mètre cube (2) ;

Le centimètre cube ou la millionième partie du mètre cube ;

Le millimètre cube ou la billionième partie du mètre cube ;

Remarque. — Il ne faut pas confondre le *décimètre cube* avec le dixième du mètre cube : celui-ci est la dixième partie du mètre cube ; tandis que celui-là en est la millième partie.

---

(1) On voit que, les unités carrées se succèdent de 100 en 100, il faut 2 chiffres pour écrire chaque espèce d'unités ou de sous-multiples. Ainsi *trois centimètres carrés* s'écrivent 0 m. carré 0003.

(2) On voit que, les unités cubes se succèdent de 1,000 en 1,000, il faut 3 chiffres pour écrire chaque espèce d'unités ou de sous-multiples. Ainsi *vingt-cinq décimètres cubes* s'écrivent 0 m. c. 025 : — *vingt-cinq centimètres cubes* 0 m. c. 000025.

Quand on emploie le mètre cube pour mesurer le bois de chauffage il prend le nom de stère.

Le seul multiple du stère en usage est le décastère ou 10 stères : le seul sous-multiple en usage est le décistère ou la dixième partie du stère.

45. MESURES DE CAPACITÉ. — L'unité de capacité ou de contenance pour les liquides, les graines et autres matières sèches, est la capacité du décimètre cube, qui prend alors le nom de litre. Le litre est donc la millième partie du mètre cube.

Les multiples du litre sont :

Le décalitre ou 10 litres ;

L'hectolitre ou 100 litres ;

Le kilolitre ou 1,000 litres.

Les sous-multiples sont :

Le décilitre ou la dixième partie du litre ;

Le centilitre ou la centième partie du litre ;

Le millilitre ou la millième partie du litre.

La loi tolère pour plus de commodité dans le commerce l'usage du double-décalitre, du demi-décalitre, du double-litre, du demi-litre, etc.

46. MESURES DE POIDS. — L'unité de poids est le gramme : c'est le poids d'un centimètre cube d'eau bien pure et très-froide.

Les multiples du gramme sont :

Le décagramme ou 10 grammes ;

L'hectogramme ou 100 grammes ;

Le kilogramme ou 1,000 grammes :

Le myriagramme ou 10,000 grammes ;

Les sous-multiples du gramme sont :

Le décigramme ou la dixième partie du gramme ;

Le centigramme ou la centième partie du gramme ;

Le milligramme ou la millième partie du gramme ;

Lorsqu'on évalue de fortes pesées on se sert du quintal métrique qui est le poids de 100 kilogrammes, et du tonneau de mer qui est celui de 1,000 kilogrammes.

47. DES MONNAIES. — L'unité de monnaie est le franc, c'est un alliage de 9 dixièmes d'argent pur avec 1 dixième de cuivre, pesant en tout 5 grammes.

Les multiples du franc sont : en or, les pièces de 100, de 50, de 20, de 10 et de 5 fr.; en argent, les pièces de 5 et 2 fr. Les sous-multiples du franc sont : en cuivre, le centime qui vaut la centième partie du franc ; le décime qui vaut la dixième partie du franc ; en argent, les pièces de 50 centimes et de 20 centimes.

On peut se servir de pièces d'argent pour peser les marchandises; car 1 franc pesant 5 grammes, 200 francs pèsent 1,000 grammes ou 1 kilogramme.

NOTA. — *Exercer fréquemment l'élève, soit par des questions orales soit par des exercices au tableau noir.*

Fractions.

48. Une fraction est une ou plusieurs parties égales de l'unité.

Si, par exemple, on partage une pomme en cinq parties égales et qu'on prenne trois de ces parties, on a la fraction 3 cinquièmes.

49. Une fraction s'écrit au moyen de deux nombres placés l'un au-dessous de l'autre et séparés par un trait qui signifie divisé par.

50. Le nombre inférieur, qu'on appelle dénominateur, indique en combien de parties l'unité est divisée ; — le nombre supérieur, qu'on appelle numérateur, indique combien on prend de ces parties.

51. Pour lire une fraction, on énonce d'abord le numérateur, puis le dénominateur auquel on ajoute la terminaison ième ; à l'exception des fractions dont les dénominateurs sont 2, 3, 4 qu'on énonce demi, tiers, quart.

52. Une fraction est plus petite ou plus grande que l'unité suivant que le numérateur est plus petit ou plus grand que le dénominateur.

53. *Pour convertir un nombre entier en fraction, on multiplie ce nombre par le chiffre qui indique en combien de parties l'unité est divisée, c'est-à-dire par le dénominateur.*

Soit $3\frac{2}{5}$ à réduire en une seule fraction. — Puisque une unité vaut $\frac{5}{5}$, 3 unités en valent 3 fois plus ou $\frac{15}{5}$, plus $\frac{2}{5}$ $= \frac{17}{5}$.

54. Réciproquement *Pour trouver les unités que renferme une fraction, on divise le numérateur par le dénominateur.*

Combien y a-t-il d'unités en $\frac{17}{5}$. Puisqu'il faut 5 cinquième pour faire une unité, autant de fois 5 cinquièmes seront contenus en 17 cinquièmes, autant on aura d'unités $= 3 + \frac{2}{5}$.

55. *Pour rendre une fraction un certain nombre de*

fois plus grande, il suffit de multiplier le NUMÉRATEUR (parce qu'alors on a plus de parties qu'on en avait.)

56. *Pour rendre une fraction un certain nombre de fois plus petite, il suffit de multiplier le* DÉNOMINATEUR (parce qu'alors on rend les parties plus petites.)

57. *Mais si l'on multiplie ou si l'on divise en même temps les deux termes d'une fraction par un même nombre, elle ne change pas de valeur.*

On profite de ce principe pour simplifier les fractions et les ramener au même dénominateur.

58. *Simplifier une fraction,* c'est l'exprimer par des nombres plus petits sans en changer la valeur.

Pour cela on divise les deux termes par un même nombre; (par 2, 3, 5, 7 etc.)

59. *Ramener des fractions au même dénominateur,* c'est les changer en d'autres équivalentes, ayant toutes le même dénominateur.

Pour cela, *on multiplie les deux termes de chacune d'elles par le produit des dénominateurs des autres.*

60. ADDITION — *Ramener les fractions au même dénominateur et additionner les numérateurs.*

61. SOUSTRACTION. — *Ramener les fractions au même dénominateur et prendre la différence des numérateurs.* — Si la fraction inférieure est plus grande que la fraction supérieure, on augmente celle-ci d'une unité, c'est-à-dire de son dénominateur et on retient un qu'on ajoute au nombre entier inférieur.

62. MULTIPLICATION. — *Multiplier les numérateurs entre eux et les dénominateurs entre eux.* — S'il y a des nombres entiers comme facteurs, on les considère comme des numérateurs.

63. DIVISION. — *Chaque fois que le* DIVISEUR *est une fraction, on le renverse avec le signe* $\times$.

Dans la multiplication et la division des fractions on réduit, (s'il y en a), chaque nombre entier et la fraction qui l'accompagne en une seule fraction.

TRANSFORMATION. — Lorsque les fractions embarrassent sous leur forme ordinaire, on les transforme en décimales, et à cet effet on divise le numérateur par le dénominateur. Ainsi $\frac{3}{4} = 0{,}75$ $\frac{1}{5} = 0{,}20$ (1).

---

(1) Lorsque l'élève possédera parfaitement les notions de ce petit traité, il lui sera facile de le compléter par un appendice manuscrit, ou de se procurer l'Arithmétique complète de Boyer.

PETIT RECUEIL DE PROBLÈMES
(Donner des solutions raisonnées.)

AVIS. — *Pour bien résoudre un problème, il faut d'abord le lire très-attentivement deux, trois, quatre fois, jusqu'à ce qu'on l'ait compris ; puis commencer l'opération en se rappelant sans cesse ce que l'on cherche et ce que l'on demande.*

On doit faire une ADDITION lorsque le raisonnement conduit à réunir plusieurs nombres en un seul. On doit faire une SOUSTRACTION lorsqu'il s'agit de RETRANCHER un nombre d'un autre, ou d'en prendre la différence. On doit faire une MULTIPLICATION quand le raisonnement conduit à dire TANT DE FOIS PLUS, et une DIVISION s'il conduit à dire TANT DE FOIS MOINS.

SUR LES NOMBRES ENTIERS.

1. Un homme à 4 fermes qui lui rapportent, la 1re 6,275 fr., la 2e 849 fr., la 3e 2,745 fr., et la 4e 12,948 fr. Combien économise-t-il par an, sachant qu'il dépense 9,898 fr.

2. Une vigne renferme 6,757 ceps, une autre 3,573, une autre 4,850 et une autre 10,420. Combien y a-t-il de ceps 1° dans les trois premières vignes ensemble ? 2° dans les quatre ? 3° de combien s'en manque-t-il qu'il n'y en ait 25,000 ?

3. Paul a 3,785 fr., Louis en a autant que lui plus 349, et Joseph autant que les deux premiers, moins 970. Combien chacun a-t-il ?

4. Louis, après avoir hérité de 6,248 fr. et de 3,778, possède 57,200. Quelle était sa fortune avant cet héritage.

5. Un négociant, après avoir gagné 16,840 fr. et perdu 9,897 fr. a encore 35,945 fr. combien avait-il.

6. Un arbre a porté 5,875 fruits ; 4,225 sont tombés avant maturité et on en a cueilli 2,676 d'une fois et 958 d'une autre fois ; combien en reste-t-il ?

7. Un négociant a des marchandises pour 5,758 fr. Il en achète encore pour 2,060 fr. puis il en vend pour 4,746 fr. Il en achète de nouveau pour 1,848 fr., et en revend pour 3,875 ; pour combien lui en reste-t-il en magasin ?

8. Paul est né le 4 mars 1834 ; quel sera son âge au 1er décembre 1860 ?

9. On a mis dans un étang 18,749 carpes, 548 brochets et 4,743 tanches : combien y a-t-il 1° de carpes de plus que de tanches ? 2° que de brochets ? 3° de tanches de plus que de brochets ; 4° combien de poissons en tout ?

10. Une propriété a coûté 318,749 fr. d'achat et 18,249 fr. de réparation combien faut-il la revendre pour gagner 30,615 ? pour perdre 9,716 ?

11. Combien y a-t-il de litres de vin dans 28 pièces de chacune 228 litres ? Quelle en serait la valeur à 4 fr. le litre.

12. Combien y a-t-il 1° de mois, 2° de jours, 3° d'heures, en 27 ans ?

13. Louis a 16 ans ; combien y a-t-il d'heures qu'il est au monde, en tenant compte des années bissextiles.

14. Quelle est la valeur de 8 troupeaux de chacun 75 moutons, à 28 fr. l'un ?

15. Une roue fait 12 tours par seconde, combien en fera-t-elle en 5 jours, 2 heures 15 secondes.

16. 8 ouvriers ont mis 18 jours, 10 heures par jour pour faire un ouvrage ; combien un seul ouvrier aurait-il mis d'heures ?

17. Une personne gagne 6 fr. par jour et en dépense 4 ; combien économise-t-elle par an, sachant qu'elle ne travaille pas les 54 jours fériés ? Combien eût-elle économisé si elle eût dépensé 95 fr. par mois ?

18. Una famille dépense 4 fr. par jour de nourriture, 80 fr. par mois de loyer, 857 fr. par an de vêtements et 00 fr. de blanchissage ; quelle est la dépense annuelle et que lui reste-t-il sur ses revenus qui sont de 10,000 ?

19. Un marchand a acheté 2 pièces d'étoffe, l'une de 118 mètres et l'autre de 78 mètres ; il paie le tout à raison de 5 fr. le mètre : Combien doit-il ? S'il revendait la 1re 10 fr. le mètre et la 2e 9 fr. Combien gagnerait-il en tout ?

20. Un voyageur qui a 238 kil. à parcourir fait chaque jour 45 kil. Combien lui reste-t-il à faire après 5 jours ? — S'il n'eût fait que 30 kil. par jour ?

21. Un boucher est allé à la foire avec 5,700 fr, il a acheté 12 cochons à 05 fr. pièce, 3 vaches à 210 fr. l'une, et 29 moutons à 18 fr. la pièce ? Combien rapporte-t-il, sachant que ses frais de voyage ont été de 48 fr. ?

22. Emile gagne 5 fr. par jour : Combien a-t-il gagné en 5 mois, sachant qu'il n'a pas travaillé le dimanche ? — Combien en 7 mois ?

23. Huit moissonneurs mettent 5 jours pour moissonner 10 hectares, combien un seul eût mis de jours pour moissonner 2 hectares ?

24. Combien y a-t-il de lettres dans un livre de 720 pages, 38 lignes à la page et 60 lettres à la ligne ?

25. François a donné à son voisin pour 50 fr. de foin, 75 fr. de paille, 215 fr. de blé, 85 fr. d'avoine et 7 cents de fagots à 18 fr. le cent. — Il en a reçu 10 journées de charrue à 8 fr. l'une, 1 vache de 180 fr. et 15 brebis de 15 fr. pièce : établissez leur compte.

26. Un maquignon a acheté des chevaux pour 178,216 fr. ; il les a revendus 216,405 en gagnant en moyenne 100 fr. par unité. Combien a-t-il acheté et revendu de chevaux ?

27. Un corps d'armée, composé de 10 régiments de chacun 2,600 hommes, laisse le neuvième de son effectif sur le champ de bataille et la quinzième partie dans les ambulances. Combien reste-t-il d'hommes.

NOMBRES DÉCIMAUX.

V Exercer les élèves à écrire sans hésitation les nombres décimaux. Dicter les nombres suivants : Un franc cinq centimes. — 5 mètres huit millimètres. — 0 mètre trente-cinq millièmes. — Trois cent-vingt-trois dix-millièmes. — **cinq cents** *millièmes et* **cinq** *cent-millièmes, — Trois cent-vingt millionièmes, etc.*

28. Une famille se compose du père, de la mère et de quatre enfants déjà grands : le père gagne 5 fr. 75 c. par jour, la mère 2 fr. 15 c. et les enfants chacun 1 fr. 45. Quelle est la recette totale dans l'année. Cette famille ne travaille pas le dimanche ni les 4 grandes fêtes.

29. S'il faut trois mètres cinq centimètres pour un vêtement. Combien en faudra-t-il pour 158 vêtements de même grandeur, et quelle en sera la dépense totale à 1 fr. 5 centimes.

30. Un vigneron a 55 ares de vignes qui lui produisent 2 hectolitres par 5 ares, il vend son vin à 0 fr. 45 c. le litre. Quel est son revenu ?

31. Un marchand a 25 pièces de liqueur de chacune 228 litres qu'il vend 3 fr. 25 c. le litre ; quel est son bénéfice si le tout lui coûte 10,870 fr. ? Combien eût-il gagné s'il eût vendu le litre 4 fr. 05 ?

32. François m'a vendu 5 moutons à 12 fr. 50 l'un et trois cents de fagots à 13 fr. 45 le cent. Je lui ai donné en à compte deux mille de foin à 55 fr. l'un et lui ai fait 4 jours de charrue à 0 fr. 75 l'un ; établir notre compte ?

33. Un homme gagne 845 fr. par an ; que gagne-t-il par jour ?

34. Un négociant a acheté pour 7,640 fr. trois pièces de drap qu'il a revendues 10,800 fr. en gagnant 4 fr. 25 par mètre. Combien y avait-il de mètres dans chaque pièce ?

35. Quelle somme faut-il pour payer 107 hom. qui ont travaillé 57 jours

à 1 fr. 75 par jour ? S'il y avait eu 10 hom. de plus pendant 5 jours de moins ?

36. À 13 fr. le mètre combien aura-t-on de mètres pour 8790 fr. pour 3749 fr. 25 ?

57. Partager 97,347 fr. 50 entre 125 personnes et retenir 27 fr. pour ses peines ?

38. Partager 165,470 fr. 85 entre 40 personnes de manière que la 1re en ait la 5e partie, et la seconde le quart du reste ?

39. Chaque fois que Paul gagne 5 fr. il donne 0 fr. 25 c. aux pauvres ; Combien a-t-il gagné sachant qu'il a donné 85 fr. ?

40. Un maquignon a acheté pour 98,740 fr. 75 des chevaux qu'il a revendus 102,316, en gagnant 150 fr. 15 par cheval ; combien y avait-il de chevaux ?

41. 625 arbres ont coûté 98,720 fr.; quel est le prix d'un arbre à un centime près ?

42. Ajouter ensemble la 56e et la 70e partie de 8,745 fr. 20 ?

43. On a acheté pour 85 fr. une caisse d'oranges à 0 fr. 075 la pièce ; combien y en avait-il ?

44. On a acheté 1,850 m. 30 pour 85,804 fr.; les frais s'élèvent à 85 fr.; combien faut-il revendre le mètre pour avoir 250 fr. de bénéfice net ? — pour ne rien gagner ?

45. Que gagnera-t-on sur 875 objets payés 1,200 fr. en les revendant 2 fr. pièce, sachant qu'il y a eu pour 50 fr. 25 de frais ? — S'il n'y avait pas eu de frais ?

46. 8 douz. de volumes ont coûté 211 fr., il y a eu 15 fr. de port ; que faut-il revendre le volume pour perdre 5 fr. ? — pour gagner 70 fr. ?

47. Les roues d'une voiture ont 4 m. 25 de tour et font 6 tours par seconde ; quelle distance cette voiture parcourra en un jour ? combien de temps pour parcourir 25 kilom. ?

48. On achète pour 6,000 fr. quatre pièces de chacune 52 mètres ; on les revend 9,027 fr. 08 que gagne-t-on par mètre ? Sur 100 m. ? Sur 1,000 ?

49. Nicolas paie une ferme de 2,000 ; il a trois domestiques à chacun desquels il donne 260 fr.; il prend encore 6 manœuvres pendant 55 jours à 1 fr. 55 ; l'entretien de la maison est de 1,000 fr.; quel est son bénéfice sachant que chaque année, il vend 500 d. d. de blé à 3 fr. 75, 200 d. d. d'avoine à 2 fr. 10, 149 moutons à 27 fr., 4 bœufs à 850 fr. le couple et 4 cochons à 123 la pièce ?

50. 60 brebis donnant 55 agneaux de 22 fr. pièce et une toison de 2 k. qu'on vend 5 fr. 10 le k. dépensent chacune par an 40 bottes de foin de 5 kilog. à 45 fr. les 500 kil.; quel est le bénéfice ? — Si les 500 kil. ne coûtaient que 30 fr. ?

QUESTIONS SUR LE SYSTÉME MÉTRIQUE.

51. Expliquez comment toutes les mesures dérivent les unes des autres.

52. Écrivez en un seul nombre 5 M. m. 9 k. 5 hect. 4 décam. 9 m. et réduisez le tout en centimètres ? — en décamètres ? — en kil. ?

53. Écrivez en un seul nombre 155 kil. 68 m. et réduisez en décam. ? — En décimètres.

54. Écrire 4 myr. 508 décim. et réduire en hect. ? — et en cent. ?

55. Combien 4 décim. 6 décam. et 2 kil. font-ils de centim. ? — Quel en serait le prix à 30 fr. 05 l'hectom. ?

56. Écrire 3 m. carrés 3 décim. q. sous 25 décam. q. 12 centim. q. et réduire le tout en ares ? — Quel en serait le prix à 0 fr. 05 le centiare ?

57 Écrire 55 cent. q. sous 15 m. q. 7 décim. q. et trouver la valeur du tout à 100 fr. l'are.

58. Additionner 3 m. cubes 5 décim. cubes avec 4,545 cent. cubes ; réduire le tout en décim. c. et en chercher la valeur à 50 fr. le m. c.

59. De 84 m. c. on a vendu 5 m. c. 376 cent c., quelle est la valeur du reste à 0 fr. le décim. c. ?

60. Quel est le prix de 15 m. c. à 0 fr. 02 c. le cent. c. ?

61. Que pèse 1 m. c. d'eau distillée ? — Un litre ? — Un décilitre ?

62. Une cuve contient 115 hect. 60 l.; quel est le volume?

63. Un bassin a 50 m. c. 5 décim. c.; combien peut-il contenir de litres? — d'hectol.?

64. Un h. consomme 1 demi-litre de farine par jour; combien 15 d.-d. lui dureront-ils? quelle sera la dépense à 0 fr. 50 c. le litre?

65. A 18 fr. le litre, quel sera le prix de 2 décilitres?

66. Quel est le poids de 970 fr.? combien d'argent pur?

67. Combien faut-il de pièces de 5 fr. pour peser 15 litres d'eau?

68. Combien y a-t-il de litres en 12,970 gram d'eau.

69. Si j'avais 6,840 fr. de revenu, quel serait le poids de l'argent économisé par an, en dépensant 0 fr. 25 par heure plus 78 fr. par mois?

70. A 1 fr. 40 le m. q. quel serait le prix de 54 ares, 28? Quel en serait le revenu à 0 fr. 08 par centiare?

71. Jeannot a 2 vaches qui lui donnent pendant 10 mois de l'année chacune 6 litres de lait qu'il vend à 0 fr. 15 le litre; elles font chacune un veau de 68 fr.; quel est son bénéfice annuel sachant qu'il est obligé de louer 54 ares 28 de pré à 0 fr. 10 le centiare?

72. Un lingot d'argent de 4 kilog. 5 décag. pèse 10 fois 1/2 plus que l'eau; quel en est le volume?

73. Un morceau de plomb de 15 centimètres cubes pèse 11 fois 4 plus que l'eau; quel en est le poids?

QUESTIONS SUR LES FRACTIONS ORDINAIRES.

74. On a vendu les quantités suivantes d'une pièce de drap, 12 m $\frac{2}{8}$ 5 m, 1/4, 0 m. $\frac{4}{6}$; il en reste encore 0 m. 1/5 quelle était la longueur de cette pièce.

75. Quelle est la plus grande des deux fractions $\frac{7}{8}$ et $\frac{18}{56}$?

76. D'une pièce de 12 m. on a retranché 4 m. $\frac{9}{4}$ qu'en reste-il.

77. Après avoir pris 5 1/2 d'une fois, et 0 m. e, $\frac{8}{9}$ d'une autre fois il reste 0 m. 75; qu'elle était la longueur de la pièce?

78. J'ai cédé les $\frac{7}{8}$ d'une ficelle et ce qui m'en reste mesure 0,25 quelle en était la longueur?

79. On a partagé 86 mètres entre un certain nombre de personnes qui ont eu chacune 1 mètre 1/5; combien y avait-il de personnes?

80. Un ouvrier fait chaque jour 1 m. $\frac{7}{10}$; Combien lui devra-t-on après 15 jours si on lui paie 2 fr. 40 le mètre?

81. Combien faudra-t-il vendre de mètres dont les 5/4 de mètre valent 2 fr. 50 pour produire autant que 15 m. 2/3 à 8 fr. le mètre.

82. Un ouvrier fait par heure les $\frac{5}{27}$ de son ouvrage; en combien de temps aura-t-il fini?

83. S'il faut 5/4 de mètre pour faire un gilet, combien en fera-t-on avec 25 mètres 1/2?

84. Une personne charitable ayant donné aux pauvres les $\frac{0}{9}$ de son argent a encore 84 fr. 25; Combien avait-elle?

85. Une autre ayant donné les $\frac{3}{8}$ de son argent d'une part, et 85 fr. autre part, a encore 76 fr.; quel était son argent.

86. Si j'avais en plus le $\frac{1}{13}$ de ce que j'ai et 20 fr. j'aurais 204 fr. Dites combien j'ai.

87. Quel est le nombre dont les $\frac{3}{8}$ plus les 3/4 fessent 88!

88. Quel est le nombre qui triplé, puis augmenté de son 1/5 et de son 1/4 fasse 855?

89. Quel est le tiers et demi de 100?

90. Une fontaine met $\frac{5}{16}$ d'une heure pour remplir les $\frac{3}{16}$ d'un bassin; Combien mettra-t-elle pour l'emplir entièrement?

91. Un robinet tombant dans un bassin le remplit 4 fois en 3 heures; un autre qui en sort le vide 5 fois en 4 heures; Le bassin étant plein et les 2 robinets étant ouverts à la fois, en combien de temps le bassin sera-t-il vide.

92. Deux courriers éloignés de 168 kilom. vont à la rencontre l'un de l'autre en faisant le 1er 13 kilom. en 3 heures, et le 2e 20 kilom. en 4 heures. Après combien de temps et de distance se rencontreront-ils.

93. Quel est le nombre qui diminué de ses $\frac{2}{9}$ vaut 72 ?

94. Quel âge avez-vous? demandait un impertinent à un vieillard: 3 fois votre âge font les 5/4 du mien qui, s'il était augmenté de 1/5 ferait un siècle. Devinez curieux?

RÈGLE DE TROIS

La règle de trois est une opération par laquelle au moyen de trois nombres connus on en détermine un 4e.

Elle est simple quand elle ne renferme que 3 quantités connues, et composée lorsqu'elle en renferme plus de trois.

Ces problèmes ont ceci de particulier, que les quantités sont de même espèce deux à deux.

Pour les résoudre plus facilement, il est bon de les écrire en abrégé en mettant les quantités de même nature l'une sous l'autre, et la dernière, celle qui est de même espèce que l'inconnue (qu'on représente par X.)

EXEMPLES

I.—8 ouvriers ont fait 72 mètres d'ouvrage; combien 10 autres ouvriers en feront-ils ?

On dispose ainsi la question :

$$\begin{array}{cc} 8 \text{ ouv.} & 72 \text{ m.} \\ 10 & x \end{array}$$

Puis on fait le raisonnement suivant :
Puisque 8 ouv. ont fait 72 m.
Un seul en fera 8 fois moins, c'est-à-dire $\frac{72}{8}$
Et 10 en feront 10 fois plus, c'est-à-dire $\frac{72 \times 10}{8} = 90$ m.

II.—Si l'on emploie 30 hommes, il faudra 12 jours pour faire un ouvrage; combien en faut-il pour que l'ouvrage soit terminé en 8 jours ?

$$\begin{array}{cc} 12 \text{ j.} & 30 \text{ h.} \\ 8 & x \end{array}$$

Puisque si l'on donne 12 jours il faut 30 h.
Si l'on ne donne qu'un j. il faudra 12 f. plus d'h. $= 30 \times 12$
Mais si l'on donne 8 j. il faudra 8 f. moins d'h. $= \dfrac{30 \times 12}{8} = 45$

III.—On veut doubler 25 m. de drap à 1 m. 1/5 de

*large avec de la doublure à 8/9 de large; quelle longueur
en faudra-t il ?*

$$\frac{6}{5} \text{ larg.} \quad 25. \text{ m. long.}$$
$$\frac{8}{9} \qquad \text{»}$$

(Dans ces cas il vaut mieux réduire les fractions au même dénominateur, et supprimer ce dénominateur dans les 2 fractions.)
C'est comme si l'on avait : 54   25
$$\qquad\qquad 40 \qquad \infty$$

Si la doublure avait aussi 54, il en faudrait 25 m. de long.
Si elle n'avait que 1, il en faudrait 54 f. plus 25×54
Mais elle a 40, il en faudra 40 fois moins ou $\dfrac{25\times54}{40}$=33 m. 75

La règle de trois composée n'offre pas plus de difficultés que la
simple : il suffit de la partager en plusieurs règles de trois simple, en ne prenant d'une fois que les 2 premières quantités avec la
dernière, puis les 2 suivantes, etc.

EXEMPLE :

IV. — *15 ouvriers travaillant 25 jours, 10 heures par
jour, ont fait un fossé de 50 mètres de long et 3 de profondeur. Combien 24 ouvriers, en travaillant 12 heures
par jour mettront-ils pour en faire un autre de 60 m.
de long et 4 de profondeur ?*
Disposer ainsi la question :

15 ouv.	10 h.	50 m. l.	3 m. p.	25 j.
24	12	60	4	X

On ne s'occupe d'abord que des ouvriers, en disant :
Si 15 ouvriers mettent   25 jours.
1 seul mettra 15 fois plus= 25×15
24 mettront 24 fois moins= $\dfrac{25\times15}{24}$

Puis des heures :
Quand on travaille 10 h. il faut $\dfrac{25\times15}{24}$

Si 1 h., il faudra 10 fois plus = $\dfrac{25\times15\times10}{24}$

Et en 12 h. 12 fois moins = $\dfrac{25\times15\times10}{24\times12}$

Ensuite des mètres de long :
Pour faire ces 50 mètres, il faut. . . . . $\dfrac{25\times15\times10}{24\times12}$

Pour 1 seul il faudra 50 fois moins de jours, c-à-d $\dfrac{25\times15\times10}{24\times12\times50}$

Et pour 60, il faudra 60 fois plus de jours= $\dfrac{25\times15\times10\times60}{24\times12\times50}$

En faisant de même pour les mètres de profondeur
on a $\dfrac{25 \times 15 \times 10 \times 60 \times 4}{21 \times 12 \times 50 \times 3} = 20$ jours.

RÈGLE D'INTÉRÊT

On appelle intérêt l'indemnité que reçoit pour son argent celui qui l'a prêté. La somme prêtée se nomme **capital**.

L'intérêt de 100 fr. pendant 1 an se nomme **taux**. Le taux légal est de 5 pour cent pour les particuliers, et de 6 pour cent pour les négociants.

L'intérêt est simple ou composé suivant que le capital seul porte intérêt ou que les intérêts viennent s'ajouter au capital pour porter intérêt l'année suivante.

Dans les problèmes d'intérêt, on peut demander, soit le **capital**, soit l'**intérêt**, soit le **taux**, ou le **temps**.

Ces problèmes ne sont que des règles de trois : on y trouve en effet 2 capitaux, 2 intérêts, 2 temps.

I. — INTÉRÊT.

Quel est le revenu de 8,500 fr. à 5 p. 0⁄0 pendant 18 mois ?

Puisqu'on demande un **intérêt**, je place le dernier l'intérêt connu 5 fr. et je dispose ainsi l'énoncé :

100 fr.	12 mois	5 fr.
8,500	18	x

Puisque 100 fr. rapportent   5 fr.

1 fr. rapporte cent f. moins ou $\dfrac{5}{100}$

Et 8,500 fr. rapportent 8,500 f. plus ou $\dfrac{5 \times 8,500}{100}$

En 1 mois au lieu de 12, 12 fois moins, $\dfrac{5 \times 8,500}{100 \times 12}$

Et en 18 mois, 18 fois plus $\dfrac{5 \times 8,500 \times 18}{100 \times 12}$

II. — CAPITAL.

Quel capital faut-il placer à 5 p. 0⁄0 pour avoir 250 fr. par trimestre ?

(Ici je mets 100 fr. le dernier parce qu'on cherche un capital.)

5 fr. en 12 sont rapp. par 100 fr.

250	3		x

$$x = 20,000 \text{ fr.}$$

III. — TAUX.

À quel taux faut-il placer 20,000 fr. pour avoir 250 fr. de rente tous les 3 mois ?

Le taux étant l'intérêt de 100 fr. je dis:

20,000 fr. rapportent en 3 mois 250 fr.

$$\frac{100 \quad\quad 12 \quad\quad x}{}$$

$$x = \frac{230 \times 100 \times 12}{20,000 \times 3} = 5 \text{ fr.}$$

IV. — TEMPS.

Combien faut-il de temps à 20,000 fr. pour rapporter 250 fr. à 5 p. 0₁0 ?

Puisqu'on demande le temps, je mets un an le dernier :

100 rap. 5 fr. en 1 an (ou 12 mois.)

$$\frac{20,000 \quad\quad 250 \quad\quad x}{}$$

Puis je raisonne ainsi : 100 fr. pour rapporter 5 fr. mettent 12 mois, 1 fr. mettra 100 fois plus de temps et 20,000 mettront 20,000 f. moins de temps $= \frac{12 \times 100}{20,000}$. Pour rapporter 1 fr. il faudra 5 fois moins de temps, et pour 250 fr., 250 fois plus de temps ou $\frac{12 \times 100 \times 250}{20,000 \times 5}$ c'est-à-dire 3 mois.

NOTA. — Dans les questions d'intérêt, on considère l'année comme n'ayant que 360 jours, et le mois 30.

CAPITAL ET INTÉRÊTS RÉUNIS.

Jean en partant pour le service militaire a prêté une certaine somme à 5 p. 0₁0. Après 7 ans il a reçu 5,400 fr. capital et intérêts : Quelle somme avait-il placée ?

100 fr. en 7 ans ont rapporté 35 fr.

Par conséquent 135 fr. cap. et int. se réduisent à 100 fr. de cap.

Comme 5,400 fr. — se réduisent à x.

$$x = 4,000 \text{ fr.}$$

RÈGLE D'ESCOMPTE

L'escompte est la retenue qu'on fait sur un billet payé avant son échéance.

Il est dit en dehors quand à 5 0/0 on retient 5 fr. sur 100 fr.; il est en dedans quand on le fait sur 105 fr.

L'escompte en dehors, usité en France, n'est que l'intérêt ordinaire du billet.

EXEMPLES :

I. — Quelle est la retenue à faire sur un billet de 800 fr. payable dans trois mois, en dehors ?

Sur 100 fr. en 12 mois on retient 5 fr.

Comme sur 800 en 3 on retiendra x

$$x = 10 \text{ fr.}$$

II.—Quelle est la retenue de ce même billet en dedans?

Sur 103 fr. en 12 mois on retient 6 fr.

Comme sur 800 en 3 on retiendra x

$$x = 9 \text{ fr. } 52$$

RÈGLE DE SOCIÉTÉ

La règle de société a pour objet de répartir entre plusieurs associés le bénéfice ou la perte qui résulte de leur association.

I.— Deux marchands se sont associés, le 1er a mis 700 fr., le 2e 500 ; ils ont gagné 240 fr., que revient-il à chacun ?

700 plus 500 ou 1200 fr. ont 240 fr.

$$1 \quad \text{aura} \quad \frac{240}{1200}$$

$$\text{et 700 fr. auront } \frac{240 \times 700}{1200} \qquad \text{et 500 auront } \frac{240 \times 500}{1200}$$

II.— Jeannot et Claudot ont loué un pré de 50 fr.; le 1er y a mis 2 vaches pendant 4 mois, et le 2e autant pendant 5 mois ; que doivent-ils payer chacun ?

Pour manger autant dans 1 mois il faudrait 4 fois plus de vaches à Jeannot, c'est-à-dire 8, et 5 fois plus à Claudot, c'est-à-dire 10. Alors comme dans le cas précédent : 8 plus 10 ou 18 vaches dépensent 50 fr., comme les 8 du 1er paieront X, — id. pour le 2e.

RÈGLE DE MÉLANGE OU D'ALLIAGE

I.— On mélange ensemble 10 doubles-décalitres de blé à 4 fr. 10, 6 à 5 fr. et 5 à 4 fr. 50 : Quel est le prix moyen du mélange ?

10 d. déc. à 4 fr. 10 = 41 fr.

6 à 5 = 30

5 à 4 50 = 22 fr. 50.

$$21 \text{ d. déc. valent } 93 \text{ fr. } 50.$$

$$1 \quad \text{vaudra} \quad \frac{93 \quad 50}{21} = 4 \text{ 45.}$$

II.— On a du vin à 0 fr. 35 et à 0 fr. 60 : dans quelle proportion faut-il les mélanger pour que le litre du mélange vaille 0 fr. 50 ?

Prix moyen 0 fr. 50 { 0 60 (perte par litre 0 10)+15 l.

{ 0 35 (gain par litre 0 15)+10 l.

Pour que le gain le gain compose la perte il suffit d'en prendre 15 litres du 1er et 10 du 2e.

Remarque. — On appelle alliage la combinaison de plusieurs métaux, et titre la proportion dans laquelle chaque métal y entre.

On dit qu'un objet d'argent est au titre 0,950, lorsqu'il renferme les 950 millièmes de son poids d'argent pur. — Il y a 3 titres légaux pour les objets d'or : 0,920 — 0,840 et 0,750. — Il y en a deux pour ceux d'argent : 0,950 et 0,800.

Quelle est la valeur intrinsèque d'un objet d'or de 40 grammes au titre 0,750, le prix du gramme d'or pur étant de 2 fr. 25.

Puisque sur 1 gr. il y a 0,750 d'or pur, sur 40 gr. il y en aura 0,750×40=30 gr. qui, à 2 fr. 25=67 fr. 50.

RÈGLE DE FAUSSE POSITION

Elle est simple ou double, suivant que l'on fait une ou deux suppositions pour arriver à la solution.

I.— Partagez 78 entre 2 personnes, de manière que l'une ait les $\frac{4}{9}$ de l'autre.

Il résulte de l'énoncé que quand l'une a 9, l'autre a 4 : c'est donc 9 plus 4 ou 13 qui se partagent 78.

$$4 \quad \text{aura} \quad \frac{78}{13}$$

$$\text{Et les 9 auront} \quad \frac{78\times9}{13}=54.$$

L'autre en a les $\frac{4}{9}$ ou 24.

II.— Partagez 110 entre 3 personnes, de manière que la 1re ait les $\frac{4}{3}$ de la 2e et celle-ci le double de la 3e.

La connaissance de la 3e entraînerait celle des 2 autres. Je suppose donc 6 dont la 1/2 pour la 2e est 3. Les deux tiers de celle-ci sont 2 pour la première. J'ai ainsi les proportions de partage : 6, 3, 2 = 11. Il n'y a plus qu'à partager 110 en 11 parties, et à en donner 6 à la 3e, 3 à la 2e et 2 à la première.

PROBLÈMES DIVERS.

1. 1o À 1 fr. 50 le mètre de toile, combien coûteront 3 douzaines et demie de chemises, s'il faut 2 m. 75 par chemise, et si la façon est de 1 fr. 10 par chacune ? — 2o S'il ne fallait que 2 m. 10 par chemise ? — 3o Si la façon était de 5 fr. la demi-douzaine ? — 4o Si la toile coûtait 1 fr. 75 ?

2. Une mère de famille a 4 enfants à habiller : il faut 5 m. 25 d'étoffe à chacun. On lui passe le mètre à 4 fr. 80, si elle prend toute la pièce qui a 50 m., ou à 5 fr. au détail. Quel est le parti le plus avantageux ? Pourquoi ? Combien pourra-t-elle encore faire d'habits avec le reste ?

3. 20 personnes font une masse de chacune 2000 fr. à condition que les survivantes hériteront des autres après 8 ans. Dans cet intervalle, il est mort 5 ; quelle est la part des autres ?

4. 5 pères de famille s'associent pour exonérer ceux de leurs fils qui tomberont au sort ; 4 mettent chacun 1000 fr. et l'autre 600 fr. Il tombe celui dont le père a mis 600 et l'un des autres. Faites une équitable répartition, le prix de l'exonération étant 2800 ?

5. Un marchand ayant acheté 826 mètres pour 6478 fr. en vendit les $\frac{6}{10}$ sans se rendre compte, à 8 fr. 25 le mètre ; à combien doit-il porter le reste par mètre, pour regagner ce qu'il avait perdu et avoir 208 fr. de bénéfice ?

6. Faire la facture suivante : Fourni à M. A. 1o 85 m. 5 de toile à 1 fr 50 le mètre. — 2o 0 m. $\frac{4}{5}$ de lustrine à 120 fr. les 100 m. — 3o m. moins 1/8 de raban à 0,09 le décim.; — 4o 5 bonnets à 8 fr. la douzaine ; — 5o 6 grammes de parfum à fr. le décagr.; — 6o 23 hectog. d'huile à 1 fr. 75 le kilog.

7. On donne à un ouvrier 5 fr. 20 chaque jour qu'il travaille, on lui retient 2 fr. 05 chaque jour qu'il se repose ; compté réglé après 20 jours il lui est revenu 15 fr. Combien a-t-il travaillé de jours ?

8. Un ouvrier entreprend 50 m. de pierres à casser à 2 fr. 40 le mètre ; il s'arrête après 24 m., et l'entrepreneur lui fait casser le reste à 5 fr. le mètre au compte de l'ouvrier. Combien lui doit-il ?

9. Un père promet 0 fr. 15 à son fils, chaque jour qu'il sera content ; mais il lui retient 0 fr. 40 chaque jour qu'il sera mécontent. Après 100 jours, l'enfant a reçu 8 fr. Dites le nombre de bons jours ?

10. Un jeune homme prenant du service militaire prêta 2,800 à 5 p. 0/0 et reçu à son retour 4,020 capital et intérêt ; combien est-il resté de temps au service ?

11. Louis avait prêté une somme à 5 p. 0/0 ; après 8 ans, il reçut 1860 ; quelle était cette somme ?

12. Quel capital faut-il placer à 4 1/2 p. 0/0 pour toucher 208 fr. 25 de revenu par mois.

13. Louis, Joseph et Julien se sont associés : Le 1er a mis 600 fr. pendant 6 mois ; le 2e 600 fr. pendant 5 mois, et le 3e 1,000 pendant 5 mois ; ils ont gagné 700 fr. que revient-il à chacun ?

14. Paul et Henri ont gagné 240 fr. ; le 1er qui avait mis 500 fr. pendant 4 mois, a eu 180 fr.; quelle est la mise du 2e pendant 5 mois ?

15. Partager une gratification de 1,000 entre 5 domestiques à proportion du nombre d'années de service : le 1er a 8 ans de service, le 2e 5 ans, et le 3e 12 ans ?

16. On échange 1 cheval contre 5 bœufs ; 2 de ces bœufs contre 10 moutons ; 6 moutons contre 8 veaux et 1 veau contre 4 doubles d., de blé, à 5 fr. Quelle est la valeur du cheval ?

17. Je voudrais acheter 2,000 fr. de rentes 5 p. 0/0 coté à 78 : que capital me faudrait-il ?

18. Un fermier a vendu son blé 27 fr. l'hectolitre : Après avoir prélevé sur le prix de cette vente 12 p. 0/0 pour payer ses domestiques et 8 p. 0/0 pour les autres frais de cultures il lui reste 6,408 fr. Combien a-t-il vendu de doubles-décalitres de blé ?

19. Quel est le prix des $\frac{2}{5}$ des $\frac{5}{4}$ de 10 m., à 8 fr. le mètre ?

20. Une personne avance chaque jour son ouvrage des $\frac{5}{89}$ en combien de temps aura-t-elle fini ?

21. Une personne achète 150 m. 25 d'étoffes à 2 fr, 04 le m.; Elle donne un à-compte de 120 fr., Combien se trouve-t-elle après avoir payé de mètres et combien redoit-elle encore ?

22. Un homme a dépensé sa fortune en un an ; Le 1er mois il en a dépensé le $\frac{1}{15}$ pendant les 3 mois suivants il en a dépensé les $\frac{5}{8}$ les 4 mois après il en perd les $\frac{2}{5}$ Enfin pendant les derniers mois il a dépensé le reste qui était de 750 fr. Quelle était sa fortune ?

23. Un fermier a récolté 240 hectolitres de froment, il a vendu 170 hect. 5 à 4 fr. 50 le d.-d. On demande 1o combien il lui en reste encore ; 2o la valeur de la quantité vendue et le nombre de kilog. de pain qu'on fera avec cette quantité si l'hectol. en fait 150 kilog. 5.

La dépense d'un ménage s'est élevée en 9 mois 15 jours à 2,840 fr. 30 ; de combien faut-il diminuer la dépense de chaque jour pour que la dépense totale de l'année ne dépasse pas 5,500 fr.

25. 5 joueurs conviennent que le perdant doublera l'argent des deux au tres. Après avoir perdu chacun une partie, en commençant par le premier, ils ont le 1er 50, le 2e 40 et le 3e 50 fr., combien avait-il avant de se mettre au jeu?

26. Une pièce de terre de 86 ares 4 centiares a coûté 5,670 on en a revendu les $\frac{4}{7}$ au prix de $\frac{5}{7}$ de fr. le centiare. Les $\frac{2}{9}$ ont été convertis en verger et le reste en parterre. On demande 1° Quel est le prix d'achat de 42 ares 80; 2° Combien pour cent on a gagné sur la contenance revendue; 3° Quelle est la surface du verger, et celle du parterre.

27 Trouver le poids d'une barre de fer ayant 5187 centimètres cubes de volume, sachant que le fer est 7 fois plus pesant que l'eau distillée?

28. Trouver un nombre tel qu'il y a 25 de différence entre les 5/4 et ses $\frac{5}{6}$?

29. Quel est le nombre qui augmenté de ses $\frac{5}{4}$ et diminué de 20 fait 1?

30. Un flacon vide pèse 640 gr. plein d'huile il pèse 1826 gr. 5. Quelle est la capacité sachant que la densité de l'huile est de 0,812.

31. On échange 27 balles de coton contre 4 balles 1/3 de soie: Quel est le prix d'une balle de coton comparé à celui de la soie et réciproquement.

PETIT EXAMEN D'ARITHMÉTIQUE

(L'élève répondra de vive voix et par écrit)

---

1. Qu'est-ce que l'arithmétique? — Qu'est-ce qu'un nombre? — Une unité? — 4 Un nombre entier? — 5 Une fraction? — 7 Comment a-t-on formé les nombres? — 8 Dites le nom des tranches en montant et en redescendant? — 9 Résumez la numération écrite. — 10 Règle pour écrire un nombre entier. — 12 Quelles sont les 4 opérations principales? — 19 à 18 Qu'est-ce que l'Addition? — La Soustraction? Règle pour la faire. Comment fait-on la preuve? — 19 à 31. Qu'est-ce que la Multiplication? Règle générale pour la faire. — Qu'est-ce que la Division? Règle générale. Que suffit-il de faire pour multiplier un nombre entier par 10, par 100, par 1000? Qu'arrive-t-il si l'on supprime un, deux ou trois zéros sur la droite d'un nombre entier? Peut-on changer de place les facteurs d'une multiplication sans changer le produit? Pour rendre un quotient un certain nombre de fois plus grand? Un certain nombre de fois plus petit? Qu'arrive-t-il si l'on multiplie ou si l'on divise par un même nombre le dividende et le diviseur. Preuve de la multiplication et de la division. — 32 Qu'est-ce qu'on appelle fractions décimales? — 33 Où les écrit-on et comment? — 35 Comment lit-on un nombre décimal? — 36 Si l'on ajoute ou si l'on supprime des zéros sur la droite d'une fraction décimale? Comment fait-on pour multiplier ou diviser un nombre décimal par 10, par 100, par

1000 ? Pour diviser un nombre entier quelconque par 10, 100 ou 1000 ? Que produit la virgule en la changeant de place ? — 39 Comment fait-on les quatre opérations lorsqu'il y a des décimales ?

40 à 50 Pourquoi a-t-on remplacé les anciennes mesures ? Comment les nouvelles dérivent-elles les unes des autres, et comment la connaissance de l'une fait retrouver les autres ? Que veulent dire les mots deca, hecto, kilo, myria et les mots déci, centi, milli ? Où a-t-on pris le mètre ? Combien y en a-t-il dans tout le tour de la terre ? Combien y a-t-il de kilomètres dans le tour de la terre ? Quelles sont les mesures de longueur ? Qu'est-ce qu'une surface ? Quelles sont les mesures de surface ? Quelle différence entre le centiare et le mètre carré ? Entre l'are et le décamètre carré ? Entre le dixième du mètre carré et le décimètre carré ? Qu'est-ce qu'un volume ? Quelles sont les mesures de volume ? Quelle différence entre le dixième du mètre cube et le décimètre cube ? Que faut-il observer pour écrire les carrés et les cubes ? Quelles sont les mesures de contenance ? Combien y a-t-il de litres dans un mètre cube ? De décalitres ? D'hectolitres ? De doubles décalitres ? Quelles sont les mesures pour les petites pesées ? Pour les grandes pesées ? Combien pèse un litre d'eau distillée froide ? Combien pèse un mètre cube de cette eau ? Quelles sont les monnaies en or, en argent, en billon ? Combien pèsent 20 pièces de 5 francs en argent ?

50 à 56 Qu'est-ce qu'une fraction ordinaire ? Comment l'écrit-on ? Qu'est-ce qu'indique le dénominateur ? Le numérateur ? Quand est-elle plus grande ou plus petite que l'unité ? — 57 Pour rendre une fraction un certain nombre de fois plus grande ? Plus petite ? Si l'on multiplie ou si l'on divise les deux termes par un même nombre ? — Qu'est-ce que simplifier une fraction ? Comment fait-on pour simplifier une fraction ? — 61 Comment fait-on pour ramener plusieurs fractions au même dénominateur ? 62 Comment fait-on l'addition des fractions ? 63 La soustraction ? 64 La multiplication ? 65 La division ? Que peut-on faire d'une fraction lorsqu'elle embarrasse sous sa forme ordinaire ? Qu'est-ce qu'on appelle règle de trois ? Comment convient-il de l'écrire ? Parlez de la règle d'intérêt et de ses différents cas ? De même pour l'escompte, la règle de société, la règle d'alliage ou de mélange, la règle de fausse position, etc.

AVIS

Ce petit ouvrage résume d'une manière succincte et facile toutes les notions d'arithmétique nécessaires pour les calculs usuels. Il sera très-utile aux élèves des Écoles rurales et à tous ceux qui n'ont pas assez de temps ou de moyens pour faire une étude plus approfondie de cette science.

Il sera un *memento* tout fait des leçons orales du maître.

Il est terminé par un recueil de problèmes qu'il sera aisé d'étendre et de varier.

2 fois	2	font 4	5 fois	2	font 10	8 fois	2	font 16
2	3	6	5	3	15	8	3	24
2	4	8	5	4	20	8	4	32
2	5	10	5	5	25	8	5	40
2	6	12	5	6	30	8	6	48
2	7	14	5	7	35	8	7	56
2	8	16	5	8	40	8	8	64
2	9	18	5	9	45	8	9	72
3	2	6	6	2	12	9	2	18
3	3	9	6	3	18	9	3	27
3	4	12	6	4	24	9	4	36
3	5	15	6	5	30	9	5	45
3	6	18	6	6	36	9	6	54
3	7	21	6	7	42	9	7	63
3	8	24	6	8	48	9	8	72
3	9	27	6	9	54	9	9	81
4	2	8	7	2	14	10	2	20
4	3	12	7	3	21	10	3	30
4	4	16	7	4	28	10	4	40
4	5	20	7	5	35	10	5	50
4	6	24	7	6	42	10	6	60
4	7	28	7	7	49	10	7	70
4	8	32	7	8	56	10	8	80
4	9	36	7	9	63	10	9	90